ミャンマーで米、ひとめぼれを作る

写真/文　橋本 玲

橋本 玲です。
ぼくは、今ミャンマーで日本の米作りを教えている。
キンエイエイさんの田んぼで「ひとめぼれ」をみんなといっしょに作っている。

目次

- わたしたちは、日本の米を作っています‥‥3
- ミャンマーは、どこにある？‥‥4
- 米を作っているのは、ミャンマーのどこ？‥‥6
- どのくらいの量の米がとれるの？‥‥8
- ミャンマーの「長い米」と日本の「短い米」‥‥10
- ミャンマーで「ひとめぼれ」を作る理由‥‥12
- 「ひとめぼれ」の特徴‥‥13
- 日本式 米作りの流れ‥‥14
- ミャンマー式 米作りの流れ‥‥16
- ぼくたちの米作り「水田を作る」‥‥20
- ぼくたちの米作り「種もみを選ぶ」‥‥22
- ぼくたちの米作り「田植え」‥‥24
- ぼくたちの米作り「肥料を作る」‥‥28
- ぼくたちの米作り「水田の維持・管理」‥‥30
- 1年目の失敗①「稲が育たない」‥‥32
- 1年目の失敗②「酸性の土地」‥‥33
- 1年目の失敗③「人に伝える、教える（やり方を押しつけてもだめ）」‥‥34
- 農学の専門家にお話を聞く‥‥35
- 失敗の克服①「土壌の改良（炭）」‥‥36
- 失敗の克服②「土壌の改良（ぼかし菌）」‥‥37
- 2年目の失敗①「米がなくなった」‥‥40
- 2年目の失敗②「管理のルールが決められていない」‥‥41
- 2年目の失敗の克服①「ひとめぼれ」‥‥42
- 2年目の失敗の克服②「育て方の統一」「病気・害虫を防ぐ」‥‥43
- 注意したこと「ぼくは農家ではない」‥‥44
- ぼくたちの米作り「稲刈り・選別」‥‥46
- 改善点は「機械化したこと」‥‥48
- ぼくたちの米作り「出荷・流通」‥‥50
- 「シャン州の栽培地」とこれから‥‥52
- ぼくがミャンマーに伝えたこと①「技術」‥‥54
- ぼくがミャンマーに伝えたこと②「考え方」‥‥55
- ぼくがミャンマーに伝えたこと③「人の育成」‥‥56
- ミャンマーの人が日本人のぼくに伝えてくれたこと‥‥57
- ミャンマーの歴史 略年表‥‥60

ミンガラバー（こんにちは）

小栗茂雄さん
（橋本さんのボス）

ドータンミンさん
（キンエイエイさんの
お母さん）

キンエイエイ（日本名：橘 幸帆）さん

わたしたちは、日本の米を作っています

みなさん、こんにちは。わたしたちは、いま、ミャンマーで日本の米を作っています。

ミャンマーで、日本の米作りをはじめたきっかけは、ミャンマーで日本の米を作ろうと考えていた日本人、小栗茂雄さんとの出会いがあったからです。

わたしは、自分でなにかをはじめてみたいと考えてはいましたが、こうして日本の米を作っているのは、ぐうぜんのめぐりあわせなのです。

米作りをはじめて、いろいろと失敗もしましたが、そのあと、日本から橋本さんにきてもらって、日本の米作りのしどうをうけて、ミャンマーのみんなといっしょに米作りにはげんでいます。協力していただいている日本人には、ほんとうにかんしゃしています。

これからの課題は、米のしゅうかく量をあげていくこと。そのためにも、日本の米作りのやり方をまなび、ミャンマーで安定したしゅうかくをめざします。

キンエイエイ（タチバナ ユキホ）

ミャンマーは、どこにある？

東南アジア、インドシナ半島の西部に、ミャンマーはある。国の多くが熱帯・亜熱帯に属している。ヤンゴンの1年の平均気温は約27度。雨期と乾期に分かれている。国の広さは日本の約1.8倍。人口は5141万人。ミャンマーの人の約7割はビルマ族で、ほかにも100をこえる少数民族の人がいて、主に農業を仕事にしてくらしている。信仰心のあつい人が多く、9割の人が仏教徒だけど、日本の大乗仏教ではなくて、上座部仏教（小乗仏教）といわれるもの。だから修行をしているお坊さんがたくさんいる。最近は、経済がとても発展してきていて、高層ビルやショッピングモールの建設が増えている。日本との貿易もさかんで、自動車や機械などを輸入して、衣類や農産品を日本へ輸出している。

パゴダ（仏塔）が見える。

ヤンゴンでいちばん高いビル。

ダウンタウン。買い物に出かける人たち。

ヤンゴンのショッピングモール。

お土産品の多いボージョーアウンサン・マーケット。

知ってる？ ミャンマーの国名は「ミャンマー連邦共和国」

- 面積は、68万km²で、日本の約1.8倍もある。
- 人口は、5141万人。
  ※2014年9月ミャンマー入国管理・人口省発表
- 首都は、ネーピードー。
- 民族は、約70％がビルマ族で、ほかにも100をこえる少数民族＊がいる。
  ＊アムネスティ日本
- 言語は、ミャンマー語。
- 宗教は、90％が仏教で、ほかにキリスト教、回教（イスラム教）など。
- 国の祭日は、1月4日の独立記念日（1948年イギリス領から独立）。
- 政治のしくみは、大統領制、共和制。
- 主な産業は、農業。
- 主な貿易品目は、輸出：天然ガス、豆類、衣類、チーク・木材、米。輸入：機械部品、精油、製造品、化学品。
- 主な貿易相手国は、輸出：タイ、中国、インド、シンガポール、日本。輸入：中国、シンガポール、タイ、日本、マレーシア。
  ※ミャンマー中央統計局（2013/14年度）
- 通貨は、チャット（Kyat）。
- ミャンマーに住む日本人は、1367人。
  ※2014年12月現在
- 日本に住むミャンマー人は、14124人。
  ※2015年12月末現在、外国人登録者数

外務省ホームページ「国・地域　アジア　ミャンマー連邦共和国」他より

米を作っているのは、ミャンマーのどこ？

　ぼくたちは、2つの場所で米を作っている。1つは、ヤンゴン郊外にある、タンタビン郡区の村。2つめは、後から始めた田んぼで、ミャンマー東部のシャン州にある。

　昔からミャンマーで作られてきた米は、インディカ米の粒の長い長粒米だけど、ぼくたちが育てているのは、日本と同じジャポニカ米の粒の短い短粒米。

　ミャンマーの人たちといっしょに行う米作りは、言葉も、育て方も、ちがうことばかり。だけど、おもしろいことや、学ぶことはたくさんあるので、このミャンマーでの米作りのことをいろいろ紹介する。

竹の壁、バナナの葉の屋根でできている田舎の家。

水牛はどこにでもいる。

田んぼの草とり。

ミャンマーの農村の家族は、3世代や4世代でくらしている。

　ミャンマーでは、祖父母、父母、子ども、3世代がいっしょの家でくらすことが多い。中には、4世代いっしょに生活している家族もある。米作りでいそがしいときは、家族みんなで助け合って、仕事をする。

　ミャンマーには、ぼくが子どもだったころの50年前の日本のような、昔なつかしい風景がまだ残っている。だけど、日本とちがうところは、家に電話回線がひかれる前に、スマートフォンが登場したことだ。だから、家に電話がないのに、スマートフォンを持っていたりする。インターネットもつながりにくいけど、使うことができて、いろんな情報が調べられる。不思議な感じだ。

　若い人の中には、親から農業をつぐ人もいるけど、ヤンゴンへ出て、都会の仕事を選ぶ人も増えている。

気象庁ホームページ「世界の天候データツール（ClimatView）」より

どのくらいの量の米がとれるの？

ミャンマーの主な産業は農業で、国民の約6割が、農業を仕事にしているといわれる。たくさんの人が、米や野菜などを作っていることになる。

昔からミャンマーで作られている米は、インディカ米（長粒米）で、米の生産量（精米した量）は年間1260万トンで、世界7位。また、シャン州でとれるシャン米という短粒米がある。

ぼくたちがミャンマーで作る日本の米（短粒米）の収穫量は、作り始めたばかりの2010年は約500キログラムだったけど、米のとれる量は増えてきて、2016年は約18トンになった。

もみの状態で保存する米。

ミャンマーの「ひとめぼれ」の稲穂。

稲刈りは、1年に2回は当たり前。

稲刈りは、手作業で行う。

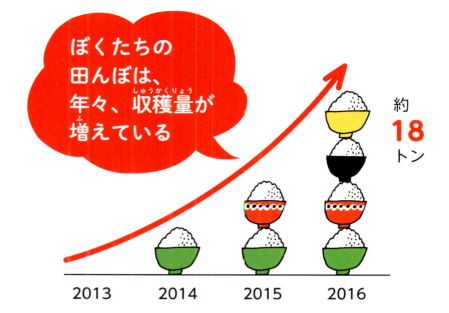

ぼくたちの田んぼは、年々、収穫量が増えている

約18トン

2013　2014　2015　2016

ぼくたちの田んぼでとれた米の販売金額（2016年）

500チャットのお札。約44円。

約18トンの米 ＝ 約7200万チャット ＝ 約630万円 ＝ ミャンマーの人の約60人分の年収

| 2016年の収穫量 | ミャンマーのお金にすると、約7200万チャットになる | 日本のお金にすると、約630万円になる | ミャンマーの人の平均年収は114万チャットなので、60人分以上の年収と同じ売上になる |

※米1kg＝4000チャットで計算　　※1チャット＝0.08734円で計算

見えるところ全部、長粒米の田んぼ。（東京ドームぐらいの広さ）

ミャンマーの「長い米」と日本の「短い米」

「ひとめぼれ」の田んぼ。順番に田植えを行う。（手前：収穫直前、奥：田植え直後）

短粒米
（「ひとめぼれ」）

長粒米
（インディカ米）

長粒米
（インディカ米のもみ）

　稲は、インディカ米とジャポニカ米の2種類に大きく分けられる。中には例外もあるけど、一般的に、インディカ米は粒の長い長粒米で、ジャポニカ米は粒の短い短粒米だ。
　長粒米と短粒米の大きなちがいは、粒の長さや形。長粒米は熱帯の気候に、短粒米は温帯の気候に適している。
　長粒米は、主に東南アジアや南アジア、中南米で栽培されて、食べられている。世界の長粒米の生産量（精米した量）は年間約3億8400万トンといわれる。短粒米は、日本をはじめ、中国北部や朝鮮半島、東アジアで栽培されて、食べられている。世界の短粒米の生産量（精米した量）は年間約9600万トンだ。だから、世界の米の生産量の約8割が長粒米で、約2割が短粒米だといえる。ということは、短粒米の方が、世界的にみると、作られている量は少ない。

左：「ひとめぼれ」、右：インディカ米。

穂の長さ　上：ミャンマー産の短粒米、下：「ひとめぼれ」。

手作業で、悪い米を選り分けているところ。(女性がほほにぬっているのは「タナカ」という日焼け止め)

ミャンマーで「ひとめぼれ」を作る理由

　ミャンマーで日本の米を作って、売って、この国の人たちの生活をゆたかにできないだろうかと、ぼくのボスの小栗さんは考えた。

　そこで最初に育てた米は「コシヒカリ」。日本でいちばん多く作られている米だ。だけど、ミャンマーの高温多湿の気候とは相性が悪かった。稲の背はのびない。分けつ（株分かれして本数が増える）も少ない。枯れてしまう稲もあった。代わりにあたたかい気候の九州で作られている「夢つくし」という品種の米を植えてみた。「コシヒカリ」よりは大きく育ったけど、まだまだできはよくない。それで、ある偶然もあって、千葉県で作っていた「ひとめぼれ」という品種を持って行った。「ひとめぼれ」は、日本で2番目に多く作られていて、「コシヒカリ」よりも育てやすい。すると、以前の「コシヒカリ」や「夢つくし」よりも稲の背がのび、分けつの数も増えて、収穫量も多くなった。米の粒も大きいし、食べてもおいしい。

「ひとめぼれ」の特徴

「ひとめぼれ」という米は、「コシヒカリ」に「初星」という品種を交配させて、生まれたもの。だから、「コシヒカリ」は、「ひとめぼれ」のお母さんということになる。

「ひとめぼれ」は、日本の東北地方（中南部）での栽培、関東よりも西の地域での早期栽培に適している。「コシヒカリ」より育てやすいので、ミャンマーでは「ひとめぼれ」を育てているけど、もともとの性質は、寒さに強い稲だ

ミャンマーでとれた「ひとめぼれ」。

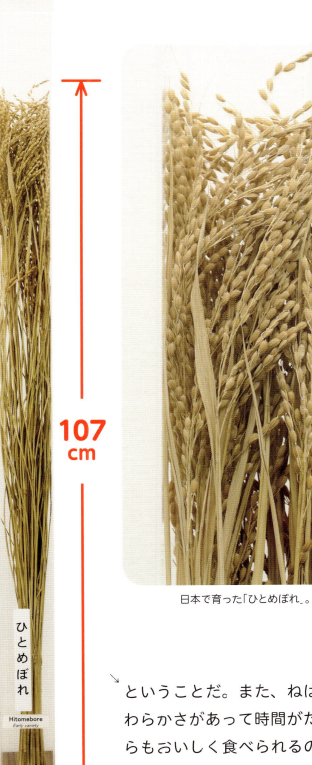

107 cm

日本で育った「ひとめぼれ」。

ということだ。また、ねばり、やわらかさがあって時間がたってからもおいしく食べられるので、人気のある米のひとつとしてよく知られている。

日本式 米作りの流れ

日本の米作りの流れは、大きく分けると「苗作り」「田んぼの準備」「田植え」「田んぼの水管理」「稲を守る」「収穫」「保管・出荷」

❶ 苗作り

種として使うもみ（種もみ）を選ぶ。中身が詰まっているのが、良い種もみ。稲に育ってから病気にならないように消毒。数日間水につけ約32℃のお湯であたためる。育苗箱に種もみをまいて、ビニールハウスでじょうぶに育てる。

❷ 田んぼの準備

田んぼを耕し、土をかきまぜてやわらかくする。肥料をまく。田んぼに水を入れる前にドロであぜをぬりかためる。取水口をあけて田んぼに水を入れる。水の深さを一定にするために、田んぼの土をこねて、平らにしておく。

❸ 田植え

育てた苗は3〜5本まとめて1株にし、苗と苗の間を一定の間隔を空けて植える。25〜30cmくらい空けるのが一般的。今は田植え機を使い、はやく植えることができる。狭いところでは、歩行型の田植え機を使ったり、手植えする。

❹ 田んぼの水管理

稲の成長に合わせて田んぼの水量を調節。田植え後は水を多めにする。稲がしっかり根をはれば水を減らす。中干し（水を一度ぬいて土を乾かす）の後、水を入れたりぬいたりして、収穫前には落水（完全に水をぬく）させる。

「食べる」となる。

　現代では、昔とちがって、田植え機やトラクターなどの機械を使って、作業の効率を高めている。高齢化している日本の農業には必要なこと。さらに、無人田植え機なども登場している。

❺ 稲を守る

　雑草がはえると田んぼの風通しが悪くなり、日差しをさえぎるので、稲の成長のために雑草をとることも大事だ。いもち病などの病気、害虫、鳥や動物から稲を守る対策をしっかり行うことが、収穫するために必要だ。

❻ 収穫

　稲穂が黄金色になると、収穫の時期。コンバインという機械を使って稲の刈りとり、脱穀、選別までの作業を一気に行う。コンバインが使えない小さな田んぼは、バインダーという歩行型の機械を使うこともある。

❼ 保管・出荷

　収穫したもみは、水分をふくんでいるので乾燥させる。その後もみすり（もみがらをとる作業）を行い玄米にし、袋に詰めて倉庫で保管。精米工場などで精米されて、白米として出荷される。玄米のまま買うこともできる。

❽ 食べる

　米の流通ルートは、農業協同組合（JA）を通じて、ぼくたちが買うことができる「民間流通米」と、災害時などのために政府が蓄えておく「政府米」に分かれる。ぼくたちがふだん食べている米は、直接、農家から買うこともできる。

ミャンマー式米作りの流れ

続いて、ミャンマーの米作りの流れを「直まき」「長粒米の田んぼ」「収穫」「脱穀」「精米」「店頭」「食べる」の順番で紹介する。

❶ 直まき
ミャンマーでは、直接田んぼに種もみをまく。

❷ 長粒米の田んぼ
草とりなどの手入れはあまりしない。

❸ 収穫
コンバインを使って、収穫しながら脱穀を行う。
（大規模農家の場合）

❹ 脱穀
小さな農家では稲刈りは手作業で、小さな耕運機を使って脱穀を行う。

ミャンマーでも、良い種もみを選ぶところまでは日本と同じだ。ただ、長粒米の種もみを直接田んぼにまくので、田植えをする必要はない。その後、収穫はコンバインや手作業で行っている。ミャンマーの人は、驚くほどたくさんのごはんを食べている。

❺ 精米
精米して、ごみをとって、袋に詰める。

❻ 店頭
売られている長粒米にも、いろいろな種類がある。

❼ 食べる
ミャンマーでは、ごはんを手でつかんで食べるので、熱いごはんは食べない。

ぼくたちの米作り 「水田を作る」

　ぼくがミャンマーを訪れる前のこと。聞いた話だけど、原野だったところを田んぼにするために、みんなで木を切って木の根を掘りおこして、平らにして、井戸を掘ったという。3回くらい場所を変えて、井戸を掘って、やっときれいな水が出たそうだ。稲を育てるための水を確保することは、なによりも大切だ。

　次は、井戸を中心に、水の流れを考える。どういうふうに水路を作っていけばいいか、稲を育てやすいかを考えて、田んぼを設計していく。なにもない原野から田んぼを作ることは、本当にたいへんだったと思う。

田んぼを作る前の原野。

田んぼを作る前の林。

井戸を掘る。

「ひとめぼれ」を作るための田んぼ。

ぼくたちは、川の水を使わないので、井戸のポンプは大切な機械だ。

井戸の水を用水路から田んぼに入れる。

ホースはしばってとめる。粘土で固めて、水もれを防ぐ。

ため池に井戸水と雨水を蓄えておく。

　田んぼの水を最後にぬくことを考えて、川のある方に、水の出口を作る。水を川にそのまま流せるからだ。だけど、雨期になると、逆に川の水があふれて田んぼの中に入ってくることもある。そんなときはポンプを使って、田んぼの水をくみ出すことになる。
　乾期のときは、雨がほとんどふらないので（ときどき、スコールがザーッといきおいよくふる）、一定の量の水を確保しておくために、ため池を作っている。

ぼくたちの米作り「種もみを選ぶ」

　米作りは、良い種もみを選ぶことから始まる。まず、タマゴが浮かぶくらいの濃い塩水を用意する。その中にもみを入れて、種もみの選別を行う。塩水の表面に浮かんだ軽いもみは、芽が出ないかもしれないので捨てる。底の方に沈んだもみを水で洗って、種もみとして使う。

　日本では、種もみの選別に、比重計が使われることも多いけど、ミャンマーでは塩水を使うこのやり方で行う。

タマゴが浮かぶほどの濃い塩水。

浮いたもみを捨てる。

沈んだ種もみを取り出す。

塩をとるために種もみをよく洗う。

種もみは、ため池でも洗う。

量が多いので、みんなで行う。

洗った種もみ。

ミャンマースタイルの苗を育てる方法。

ミャンマースタイルでは、芽より先に、根を出させてしまう。

苗床に芽が出た種もみを植えたところ。

苗床に直射日光が当たらないように工夫をしている。

　日本では、種もみがハト胸（芽が出るか出ないかぐらいの状態）のときに苗床に植えるけど、ミャンマーでの米作りでは、ハト胸から根が出たときに苗床に植えている。これは、ミャンマーのスタイルだ。日本では考えられないやり方だけど。

　ミャンマーでは、発酵した甘いにおいのするハト胸をため池の水で洗う。それから、青いネットをしいて、ハト胸状態の種もみをのせて、またその上にネットをかぶせて、藁をのせ、水をかけ、風で飛ばされないように竹を編んだものを上にのせる。そうすると、苗の育ちが良くなる。これも、ミャンマーのスタイルだ。

ぼくたちの米作り「田植え」

田植えは、近所の人にも手伝ってもらう。

苗と苗の間を広く空けておくことが大事。

田植えをしている人がはいているのは、ミャンマーの民族衣装「ロンジー」。布が筒状になっている巻きスカートで、農作業のときにも便利だ。

田植えは、人の手で行っている。田植え機を使えば、もっと早く苗を植えることができるけど、みんなで、いっしょに作業を行う。そうすると、みんなの仕事になるし、収入にもなる。

だけど、米の収穫の時期がほかの田んぼと重なって、いそがしくなると、人手が足りなくなることもある。そんな人手不足のときにそなえて、田植え機は必要になってくると思う。

作業用のロンジー姿。

① 肩の高さまである筒状のロンジーをまいて、長さを調整する。

② 前で結わえる。

③ 前でしっかりとめる。

「ひとめぼれ」を直まきすることもある。

直まきした種もみから発芽したところ。

今日は、うれしい、給料日。

ぼくたちの米作り「肥料を作る」

　肥料は、田植えの前に、田んぼの土をかえして中に入れる。それから水をはって、田植えの後に、もう一回まく。ミャンマーでは、この後さらに肥料をまいたりするけど、肥料の量が多いと、チッ素のにおいにつられて害虫がやって来るから、気をつけないといけない。日本より虫がすごく多いところだから。

　ぼくたちが使っている肥料は、化学肥料ではなくて、有機肥料だ。すべて自分たちの手作り。作り方は、もみがら、ぬか、もみがらを燃やしたときに出た炭と灰に、日本から持ってきた鶏ふん、ぼかし菌をまぜあわせて、発酵させて作る。ミャンマーは気温が高いので、1週間もかからないくらいで完成する。これを、ぼくたちは、ぼかし肥料と呼ぶ。ぼかし菌というのは、雑木林の落ち葉の下にはえている白いカビを培養したもの。それを使った肥料だから、ぼかし肥料だ。

　有機肥料は、田んぼの土をゆたかにするし、人間の体にも安心。なにより安く作ることができるから、お金をかけずにすむので助かっている。

ぼかし菌を使った、ぼかし肥料をまく。

炭（黒）、ぬかともみがら（茶）でできあがった肥料をまぜる。

みんなで力を合わせて、全体をまぜる。

できあがったぼかし肥料を袋に入れるために分ける。

できあがったぼかし肥料は、小屋に入れて保存する。

雑草がどんどんのびるので、草とりはたいへんな作業。

ぼくたちの米作り「水田の維持・管理」

草とりは、米作りの中で、いちばんたいへんな作業だ。除草剤を使いたいという声もあるけど、ぼくはそれを止めている。有機肥料を使って、除草剤なしで、ここまで米作りを進めてきたのだから、できればこのまま使わずにいたいと思うからだ。

田んぼにまいた肥料の量が、ちょうど良い状態でも、そこにふだん肥料のないところにはえている雑草がまざると虫を呼ぶ。日本のお百姓さんは、あぜの草刈りをいっしょうけんめいにすれば、虫は来ないって言っている。ぼくたちの田んぼは、人手が足りなくて、草とりが思うようにできないでいる。

雑草が増えると、風通しが悪くなるし、カメムシもやって来る。風で稲がこすれあったり、カメムシのせいで、きずがついてカビが発生して、稲がいもち病という病気になることもある。

となりの田んぼに水を入れているところ。

やっかいな、いもち病。

草とりは、みんなで行う。

田んぼのまわりの昆虫。

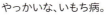
家のヤモリ。

突然のスコール。

水牛や山羊によくやって来る。

1年目の失敗 ① 「稲が育たない」

日本では100cm以上にも育つが、ミャンマーでは40〜50cmしかのびない。

短粒米でも、ミャンマー産は、ここまでのびる。

　ミャンマーで米を作る、1年目。いちばん最初に植えたのは、「コシヒカリ」。でも、稲が育たなかった。次に、「夢つくし」という品種の米に変えてみた。「コシヒカリ」よりは育ったけど、それでも思うようには育ってくれなかった。

　ミャンマーの気候は、日本の稲の栽培には向いていなかった。「夢つくし」でも、稲穂の高さが、60cmに届かないくらいだ。稲も細いまま。どうしたら、太くてじょうぶな稲に育つのだろうか。

　このとき、ぼくたちは、これまで使ってきた田んぼをそのまま使っていた。

1年目の失敗 ② 「酸性の土地」

水分がなくなって、カチカチになっている、最初のころの土。

青緑色の粘土質。

土の中に炭を入れることにした。

　この土地は、もともと粘土質で、スコップを地面につきさすと、30cmぐらいで青緑色の粘土質があらわれる。

　土壌分析器を持って行って、土の酸性・アルカリ性の程度を知るために、pH値をはかってみると、5後半から6を示した。弱酸性の土だった。5後半の土では稲には酸性が強すぎるから、全体を6にしなければならないので、土の中に炭を入れるようにした。稲の背がのびないのは、土が酸性にかたむきすぎていることに原因のひとつがあったからだ。土のpH値が米作りに合っていなかった。

　土をpH6ぐらいの弱酸性にしていくことが、稲の成長に良いことを、みんなに伝えていく必要があった。

1年目の失敗③「人に伝える、教える（やり方を押しつけてもだめ）」

今日の作業について、朝の打ち合わせ。

　日本の米を作るからといって、日本のやり方をミャンマーの人に押しつけてはいけない。この国の人も、昔から米作りを行ってきたのだから、ミャンマーにはミャンマーのやり方がある。

　ぼくがミャンマーに来る前にも、日本人が米作りを教えていたことがあって、そのときは日本のやり方を押しつけすぎていた。だから、やる気をなくすミャンマーの人もいたそうだ。

　日本のやり方を押しつけるのではなくて、米の作り方は教えるけど、後は自分たちで考えてほしい。分からないことがあったら、なんでも聞いてほしいと伝えた。最初はぼくもうまく気持ちが伝えられなくて、受け入れられなかったこともあった。

農学の専門家にお話を聞く

本林 隆 先生
東京農工大学 准教授

　稲には、生育の過程で、日長時間（1日の昼間の長さ）や温度に反応して、花芽をつける性質があります。ミャンマーと日本では、日長時間や温度に違いがあるので、ミャンマーで日本の米を育てるときには、それらの違いが問題になります。

　稲には、最初に「基本栄養成長期間」と呼ばれる、日長時間にも温度にも影響されないで生育する期間があります。その後、日長時間や温度に反応して「栄養成長期」から「生殖成長期」へと転換します。そこで、稲は、花芽をつけるのです。

　花芽をつけるスイッチは、温度が高くなったこと、あるいは、日長が短くなったことを感受することで入りますが、それぞれの要因をどの程度感受するのかは品種によって異なります。

　ミャンマーは、緯度の関係で、日本よりも日長時間が短いので、日本の米を作った場合には、どうしても早い（あまり栄養成長の期間がとれていない）段階で、花芽が分化してしまいます。すぐに穂が出てきてしまうので分けつも少なく、背丈も低い稲に育ちます。

　日本の米は、もともと寒い地域で栽培するために、品種改良をされています。「ひとめぼれ」もそうなのですが、実は「ひとめぼれ」は、沖縄県の石垣島でも栽培されています。しかも、「沖縄県の水稲の奨励品種」のひとつにもなっているほど。ですから、ミャンマーでも「ひとめぼれ」が栽培できる可能性はあります。米のとれる量は、もちろん、日本と比べると少なくなると思われますが、工夫すれば今後とれる量が増える可能性はあります。

　あと、ミャンマーなどの熱帯圏では、害虫による加害にも注意が必要です。特に「ウンカ」という小さな昆虫の仲間が多いと思います。熱帯圏では、また、クモをはじめとして多くの天敵がいます。害虫を攻撃するこのような天敵がたくさん住めるように、田んぼの環境を整えることが大事です。

　また、稲には「いもち病」という、やっかいな病気があります。寒暖差が大きかったり、低温になると出やすい病気です。低温になったときに、湿度が上がり、感染が助長されます。熱帯圏は、気温が高いのですが、寒暖差が大きくなると、低温時に湿度が上がり、「いもち病」が発生するのではないかと思います。

　他にも、米の収穫量を低下させる原因には、土壌のpH値が考えられます。日本の水稲の適当なpH値は、6.0～6.5と言われています。橋本さんが、米作りを教えているミャンマーの田んぼは、当初、pH5後半とのことでした。なので、若干、酸性が強かった可能性があります。そのために、最初は、稲が育ちにくかったということが考えられます。その後は、土壌を改善されたので、収穫量もしだいに上がったと思われます。

失敗の克服 ①
「土壌の改良（炭）」

カチカチに乾いた土は、スコップが入らないくらいに固い。30cmくらい土を掘ると、青緑色の粘土層が出てくる。この土壌では、稲は育たないと思った。

それで、昔からミャンマーで長粒米を作っている農家さんに、田んぼの土をみせてもらった。すると、土の中に藁が入っていて、筋になっている。こんな土を作らないといけない。

ぼくは、土の中にたくさんの炭と灰を入れて、耕すように、みんなに伝えた。炭と灰で、pH値を6以上にすることが大切。土の中に入れた炭は、微生物のすみかにもなる。まず、やらなければいけなかったことは土を作ること。土を、稲が育つ土に変えることだった。

みんなで、土をどのように変えるかを話し合う。

害虫についても、みんなで勉強する。

失敗の克服 ②
「土壌の改良（ぼかし菌）」

もみがらとぬか。

もみがらを燃した炭と灰。

ぼかし菌の付いたもみがら。

鶏ふん、牛ふん。

肥料を大切にしまっておく小屋。

　炭と灰で、pH値を6以上にした後は、肥料の問題があった。土壌の改良に肥料はかかせない。

　最初は、もみがら、ぬか、炭と灰に、日本から持って行ったぼかし菌をまぜて、肥料を作った。このころはまだ鶏ふんは入れていなかった。鶏ふんは、植物に必要な栄養、リン酸、カリウム、チッ素が良いバランスでまざっているすぐれもの。この後、しばらくして、使うことになる。

　有機肥料を日本から輸入すると、値段が高い。効果があって安い肥料はないかと考えてできたのが、このぼかし菌を使う肥料だった。

2年目の失敗 ①　「米がなくなった」

　土の中に炭を入れたのと、ぼかし肥料のおかげで、土壌の改良は進んだ。米もなんとか育ってくれた。さらに、うれしいことに、収穫した米が売れた。だけど、困ったことがおこってしまった。売れすぎて米が足りなくなったのだ。次にまく米、種もみに使う米がなくなってしまった。

　米作りができる土壌にしたのは良いけど、種もみがないから、このままでは肝心の米そのものを育てることができない。

　米を売って商売にしていくためには、安定的に出荷できるようにしなければならない、ということが伝えられていなかったからだ。ぼくには信じられないことだけど、これも2年目の大きな失敗のひとつだ。

収穫が終わって、ここから精米して出荷の準備に進む。

売り切れてしまった！

販売用に袋詰めした、ぼくたちが作った米。

2年目の失敗 ②
「管理のルールが決められていない」

　米作りは、ルールを作ってきちんと管理することが大事だ。米の育て方をしっかり決めておかないと、収穫量にばらつきが出る。このころ管理の方法が、まだできていなかったことが、もうひとつの2年目の失敗だった。

　たとえば、苗は間を空けて植えないといけないのに、たくさんの米を収穫したいから、苗を植える幅が狭くなってしまう。種もみは、最初にお湯につけて、消毒しないといけないのに、きちんと消毒できていなかったりする。こういうことで、田んぼの風通しが悪くなって、いもち病が出たりする。肥料もまく量が多いと、チッ素のにおいで害虫がよってくる。せっかくたくさんの米を収穫したいのに、とれる量が減ってしまうことになる。

ぼくがいないと、すぐに狭い間隔で苗を植えてしまう。

これが、ぼくが教えた苗と苗の間隔。

2年目の失敗の克服① 「ひとめぼれ」

　種もみが足りなくなったと聞いて、ぼくはあわてて日本から、「ひとめぼれ」という品種の米を持って行った。連絡をもらったときは、すでに日本でも種もみが手に入らない時期だった。いろいろ調べたり、聞いたりして、なんとか手に入れることができた種もみが、たまたま「ひとめぼれ」だった。

　ミャンマーで、「ひとめぼれ」を育ててみると、驚いたことに、「夢つくし」よりも「ひとめぼれ」のほうが良く育った。食べてみても、おいしい。偶然だったけど、「ひとめぼれ」の種もみで良かったのだ。失敗は、成功のもとだったのかもしれない。

「ひとめぼれ」の種もみ。

クーラー付きの倉庫で保管する。

2年目の失敗の克服 ②
「育て方の統一」
「病気・害虫を防ぐ」

　農薬を使わずに、病気・害虫を防ぐためには、健康な稲を作ることがとても大事だ。そのためには、苗と苗の間を空けて植え、育ってからの風通しを良くすること。それが、お金も手間もかからない方法だ。苗の植え方、肥料のまき方など、きちんとルールを作って、守ることが、米作りには必要だ。

　あと、良い米が80と悪い米が20がまざった100の米がとれるよりも、米のとれる量が90に減っても、その9割が良い米の方がいいと思う（良い米だけという作り方はできないし）。そうすれば、少しだけど良い米の量が増えるし、悪い米を分ける作業が半分ですむことになる。そして良い米の割合をどうしたら上げられるかを考えることになるから。

選別する前は、白っぽい米や割れた米がある。

選別をして、良い米だけにした状態。

注意したこと「ぼくは農家ではない」

　ぼくは農家ではない。専門家でもない。しかも、ぼくはミャンマーで1年を通して、米作りをしたことがなかった。だから失敗しながらでも、ミャンマーで米作りをしてきたミャンマーの人たちの方が、ぼくよりもぜったいに米作りのことにくわしいはずだった。だから、最初に、ぼくがみんなに伝えたことは、「あなたたちはミャンマーの米作りのプロだ。ぼくは日本の米作りの方法を教えることはできるけど、それを応用して、いかしていくのはあなたたちだ」ということだった。

　日本ではこんなふうにして、米作りをしているけど、実際にはやってみるミャンマーの人が、ぼくの伝えたことを参考にして、米作りを行う方が良いと思う。

ぼくがいないときも、みんなで話し合う。

ミャンマーの注意書き。右に「報・連・相」※とある。

※「報・連・相」とは、『報告・連絡・相談』が大事だということ。

田んぼで働く仲間たちの食卓。(正面奥がぼくのボスの小栗さん)

畑でも使う耕運機。いろんな作業で使うので「管理機」と呼ばれることが多い。

彼が使いこなせなかったエンジンのスイッチ。

　ぼくも、最初は失敗した。ぼくのせいで、仕事をやめてしまった人もいたからだ。勉強熱心でがんばり屋だった人に期待をしていた。けれど、耕運機という機械の使い方を教えても、返事は良いけど実際には使えない。だから、ぼくは大きな声でおこってしまった。今考えると、がまんして、いっしょになって耕運機の使い方を教えてあげられたらよかった。そのときは、彼に期待をうらぎられたように感じてしまった。そうではなくて、彼のそばについて、エンジンのスイッチの使い方を、やってごらん、と教えてあげたらよかったのだと思う。

　人にものを教えることはむずかしい。ぼくは、ミャンマー語がほとんど分からないので、さらにむずかしいと感じる。

事務所の壁には説明や注意のボードがたくさん貼り付けてある。

ぼくの大事なミャンマー語の学習本。

草とりから稲刈りまで、みんなで働く。

ぼくたちの米作り 「稲刈り・選別」

　稲刈りの時期を決める目安になるのは、1000粒の米。まず、田んぼから稲穂をいくつかとってきて、その中から適当に1000粒の米を集めてみる。そこに、青いもみ、つぶれたもみがまざっていても、1000粒のうちの8割が良い米だったら稲刈りをするタイミングだ。だけど、ミャンマーの人たちは、1000粒選ぶのに手間がかかるから、これまでの経験とカンだけをたよりに、稲刈りを始めてしまう。質の高い米を作るのに必要なこのことが、なかなか分かってもらえない。

　稲刈りは、手で刈る方法とコンバインという機械を使う方法の2通りがある。ぼくたちの田んぼでは稲が短くて、まだコンバインが使えないので、手で刈った稲穂を干した後にコンバインに入れて脱穀、天日干しをしていた。

コンバインに脱穀までできる。

3〜4日の間、外で干す。

風で軽い米や、藁を飛ばす。

人の手で、良い米だけを選ぶ。

クーラー付きの倉庫を作って、保存する。

改善点は「機械化したこと」

　本当は、田植え機を持って行きたいと考えている。だけど、田植え機を買うためにはたくさんのお金が必要だ。ミャンマーは、みんなの給料が安いので、機械を使わずに人の手で植えた方がお金がかからないし、みんなもお金がもらえる。それでも将来は、田んぼの面積がさらに広くなるので、田植え機を使った米作りになっていくだろうと思う。

　とれた米は、品質をたもちたいので、そのための工夫がさらに必要になる。解決策として、少し前に精米機を日本から送って、使えるようにした。今年は、雨期に刈った米も乾かせるように乾燥機を送った。後は精米した米から、小さな石やゴミを分けられる機械を持ちこみたい。

　これまでは、とれる米の量が少なかったから人手でもできたけど、これからは、多くの作業を機械化していきたいと思う。

ミャンマーでは、よく停電がおこるので、発電機が必要だ。

2016年に日本から運んだ乾燥機。

　乾燥機があると、もみを適正な水分量まで乾燥させることができる。米を保存しておける状態にできるので、収穫した米の品質を一定にたもつことができる。雨期でも、米が雨水などでぬれずにすむ。

　機械化を行うと、これまで米作りを仕事にしていたミャンマーの人の仕事を減らしてしまうけど、ぼくたちの田んぼが、もっと広くなっていくと、人手が足りなくなっていくから、その準備をしておきたい。将来のことを考えると、機械化を進めることは、みんなを助けることにもつながる。

ぼくたちの米作り「出荷・流通」

2016年の秋に開店した、イオンオレンジ。

イオンオレンジの果物売り場。

ミャンマーでは、ごはんとおかずをまぜて食べる。

収穫した米、「ひとめぼれ」を出荷するときは、袋に詰めて、真空パックにする。そこに「幸穂」のラベルを貼って、箱に入れて運び出す。

ぼくたちが作っている米は、スーパーマーケットや、レストランなどの飲食店に買ってもらっている。日本の米の味が好きな、少しお金持ちのミャンマーの人や、ミャンマーに住んでいる日本人たちが選んで買ってくれる。

ミャンマーには、あつあつのごはんを食べるという習慣はない。「ひとめぼれ」は、あつあつでも、さめていても、おいしい米なので、おにぎりにしても喜ばれる。

最初は、ミャンマーに住む日本人に向けて出荷していたけど、今では、日本の鉄板焼屋さんや、お寿司屋さんでも、ぼくたちの育てた「ひとめぼれ」を食べることができるようになった。

値段は高いけど、とても人気がある「ひとめぼれ」。

ミャンマーの人たちも大好き、おにぎり。

「シャン州の栽培地」とこれから

ミャンマー東部にあるシャン州にも、ぼくたちの田んぼがある。

ぼくたちはここでも、日本の米、「ひとめぼれ」を作っている。タンタビンで「ひとめぼれ」を作った経験のあるミャンマーの仲間たちが、シャン州に行って指導をして、現地の人が米作りをしている。

シャン州は、州の全体が高地で、タンタビンのあるヤンゴンあたりより気温も全体に低い。日本の米、「ひとめぼれ」を作ることにより適した気候だ。これから、ぼくたちの米作りは、シャン州にも広がっていくことになる。

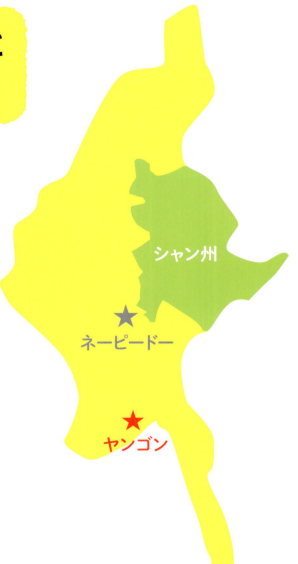

山が見えるところがシャン州の特徴。

タンタビンより寒いので、家がしっかりとしている。

シャン州、タウンジーの町の市場。

山の中腹に家がある。

中腹の住宅街。

牛の皮を茹でたもの。辛い味付けのおかず。

ぼくがミャンマーに伝えたこと① 「技術」

❶ 炭・灰を使って、土壌を改良すること

　土壌の酸性が強かったので、まず、米が良く育つように土壌を改良するため、土の中に炭・灰をまぜるように指導した。pH値を6以上の弱酸性に近づけていかないと、米作りができないからと教えた。

❷ ぼかし肥料を使って、土をいきいきとさせること

　さらに、土壌をバクテリアの住む、ゆたかな土に変えるために、もみ、ぬか、炭・灰、鶏ふん、ぼかし菌をまぜてぼかし肥料を作る方法、そして田んぼにぼかし肥料を入れることを伝えた。ぼかし肥料は、自分たちで安く作ることができる有機肥料だ。

❸ 日本の米、「ひとめぼれ」は、ミャンマーでも育つこと

　「コシヒカリ」、「夢つくし」という品種の日本の米を育ててみたけど、うまく稲が育たない。そこで、別の品種、「ひとめぼれ」を植えることになった。「ひとめぼれ」は、ミャンマーの気候でも、おいしい米に育ってくれた。

❹ 乾燥機を設置して、米の品質をたもつこと

　雨期でも、米が雨水などでぬれたりしないように、日本から乾燥機を運びこんだ。もみを一定の水分量まで乾燥させて、保管しておけるので、米の品質をたもつことができるようになった。

ぼくがミャンマーに伝えたこと② 「考え方」

① 日本の米を使って、商品を作ること

　自分たちで食べる米ではなくて、日本の米、「ひとめぼれ」を使って、商品を作るということを伝えた。売るための米を作ることは、おいしい米をいつでも一定の品質にたもち、提供することを続けられないといけない。

② ほかよりも、良いものを作ること

　良いものを作って、高く買ってもらうということを伝えた。ミャンマーは今大きく変わろうとしている国。生きるために食べることはもちろん、おいしいものを食べることにも価値が生まれ始めている。

③ くりかえし、考えて、試してみること

　米作りが安定してきたら、その次を考えて、試してみることが大事。たとえば、稲は多年草なので、稲穂の上の部分だけを刈りとって、後はそのまま残す。ミャンマーは気温が高いから、ひょっとすると、そのまま育てれば、ひこばえから2回目を収穫することもできるかもしれないと考えている。

ひこばえから、もう一度、米がとれるかも。

キンエイエイ（橘　幸帆）さんと今のスタッフ。

タンタビンからシャン州に移ったチーフ。

ぼくがミャンマーに伝えたこと③「人の育成」

みんなが機械を使えるようになることも大事。

人を育てることは、とてもむずかしいこと。日本人どうしでもたいへんなのに、相手がミャンマーの人となると、言葉も十分に通じないので、さらにたいへんだ。

ぼくは、ずっとミャンマーにいるわけではないので、伝えておいたことが、その後本当にできているのかが確認できない。そのためには、ぼくの代わりになってくれるミャンマーの人を早く見つけなければならない。

たしかに、ぼくたちは米作りを通して、みんなが経験を積んで成長している。でも、日本の米作りの方法が、ミャンマーの人に正しく伝わっていくには、まだもう少し時間はかかると思う。

ぼかし肥料の作り方、使い方は、伝えられた。

ミャンマーの人が
日本人のぼくに伝えてくれたこと

　まず、日本の米は、これまで長粒米(ちょうりゅうまい)を食べていた人にも、おいしく感じることを教えてくれた。「ひとめぼれ」は、さめていてもおいしいところも良かった。

　それと、日本のやり方が、そのままミャンマーには当てはまらないということもよく分かった。米作りも、すべて日本のやり方ではできないので、田植え機を使わずに、人の手で田植えをしたり、肥料(ひりょう)も自分たちの手で安く作ったり、そういう今の環境(かんきょう)の中で、工夫することを教えてくれた。

　最後に、生きるために米を食べるということも、改めて教えてもらったような気がする。これは、日本人がわすれてしまっていることだと思う。ミャンマーも、だんだんとゆたかになってきて、おいしい米を食べたいと思う人も増(ふ)えてきてはいるけど、生きるために食べるという基本的(きほんてき)なことを強く感じさせられた。

みんな、とてもたくさんの米を食べる。

ミャンマーの歴史　略年表

6・7世紀ごろ	モン族がインドシナ半島を西に進み、ミャンマー南部に定住する。
8世紀ごろ	エーヤワディ川中流にピュー族の王朝が興る。ビルマ族がチベット、雲南（現在の中国の南西部）方面から南下し、ミャンマー南部に定住する。
9世紀	ピュー王朝が衰退し、ビルマ族の勢力が拡大していく。9世紀中ごろ、ビルマ族がパガン王朝を建設する。
1044年	パガン王朝のアノーヤター王即位。
1057年	モン族の都タトンを制圧し、パガンがミャンマーの政治、文化の中心となる。仏教が広まる。
1077年	アノーヤター王死去。
1084年	第3代チャンスィッター王がパガンで即位。数々のパゴダを建設し、パガン王朝は最盛期を迎える。
1112年	第3代チャンスィッター王死去。 ※この第3代チャンスィッター王の即位と死去について、ヤーザクマーラの碑に刻まれている文がビルマ語資料としてはほぼ最古のものとされる。
1287年	蒙古の大軍の攻撃で、パガン王朝は滅びる。小国が数多くでき、群雄割拠の時代となる。
1312年	シャン系民族がピンヤ、15年にはサガインに築城する。
1364年	ピンヤとサガインの王国はインワに統合される。

> ミャンマーには、たくさんの民族がくらしていることが歴史からも分かるよ。

1486年	シャン系民族に追われたミャンマー族はタウングーに逃げ、タウングー王朝を築く。
1531年	第2代ダビンシュエティー王即位。
1550年	ダビンシュエティー王、宮廷内の反乱で暗殺される。
1551年	バインナウン王即位（～1581年）。
1558年	チェンマイ（タイ北部）、ヴィエンチャン（ラオス）などに攻め領地を拡大する。
1563年	アユタヤ（タイ）を攻略してタウングー王朝の最盛期となる。
1581年	バインナウン王死去。
1597年	第2次タウングー王国（ニャウンヤン朝）成立。
1635年	第4代タールン王インワに都を遷す。
1752年	モン族が勢力を増大し、インワが陥落。タウングー王朝は滅亡。
1752年	アラウンパヤー王即位（～1760年）。コンバウン王朝が始まる。
1755年	アラウンパヤーが指揮するミャンマー軍は、ミャンマー全土を掌握。コンバウン王朝を立て、ダゴンを占領してヤンゴンと町の名前を変える。
1782年	第6代ボードパヤー王即位（～1819年）。ラカイン王国を滅ぼし、アッサム、マニプールを勢力下に収め、今日のミャンマーの原型が完成する。

1824～1826年	第1次イギリス・ビルマ戦争始まる。ミャンマーはアラカンとタニンダーリを失う。
1852年	第2次イギリス・ビルマ戦争で、エーヤワディデルタを失う。
1857年	首都をアマラプラからマンダレーに遷す。
1885年	第3次イギリス・ビルマ戦争で、ティーボー王がインドに連行され、コンバウン王朝最後の王となる。
1886年	イギリスによる植民地支配が始まる。
1941年	日本軍の侵攻が開始される。アウンサン率いる独立義勇軍が日本軍とともに侵攻する。
1943年	バモーを国家代表として独立するが、日本軍はそのまま駐留し、実質支配を行う。
1944年	タキン党を中心とした抗日運動が始まる。
1945年	再びイギリス領となる。
1947年	アウンサン暗殺される。
1948年	ビルマ連邦として独立。ウー・ヌが初代首相となる。
1950年代	少数民族や共産党の反乱で内戦に陥る。
1961年	ウ・タント、国連事務総長に就任する。（～1971年）

> 国の名前をビルマからミャンマーに変えたのも、少し前のことなんだ。

1962年	ネーウィン将軍が率いるビルマ国軍によるクーデターが起こり、ビルマ式社会主義が始まる。ネーウィンが議長となる。
1988年	反政府デモが全国に広がり、民主化運動に発展する。ソウ・マウン参謀長率いる国軍が全権を掌握し、国家法秩序回復評議会（1997年に国家平和開発評議会と名を変える）が設置される。
1989年	国名の英語表記を「Burma」から「Myanmar」に変更する。
1990年	総選挙実施。アウンサンスーチー率いる国民民主連盟（NLD）が全485議席の約8割を占めて圧勝する。本人の自宅軟禁は続く。
1991年	アウンサンスーチー、ノーベル平和賞を受賞する。
1993年	法制定のための国民会議（制憲国民会議）が招集される。
2006年	ヤンゴンからネーピードーへ首都を遷す。
2008年	新憲法案についての国民投票が実施され、可決となり、民主化が進む。
2010年	新憲法による総選挙が実施される。アウンサンスーチー、自宅軟禁から解放される。
2011年	テインセイン大統領に就任。国家平和開発評議会解散。
2016年	国民民主連盟（NLD）が選出したティンチョーが54年ぶりに軍関係者ではない人で大統領に就任した。アウンサンスーチーに外務大臣兼大統領府大臣、新設の国家顧問に就任。

橋本 玲

1957年、東京都生まれ。写真家。現在、千葉県山武市に住み、近所の農家の人たちと農業も行っている。

編集協力	南口俊樹（トシキ・ファーブル）
装丁・本文デザイン	澤田かおり（トシキ・ファーブル）
イラスト	のだよしこ

ミャンマーで米、ひとめぼれを作る

2017年2月初版
2017年2月第1刷発行

写真／文　橋本 玲

発行者	内田克幸
編　集	吉田明彦
発行所	株式会社 理論社
	〒103-0001　東京都中央区日本橋小伝馬町9-10
電話	営業 03-6264-8890
	編集 03-6264-8891
	URL　http://www.rironsha.com
印刷・製本	図書印刷株式会社

©2017 Rironsha Co., Ltd. Printed in JAPAN
ISBN 978-4-652-20180-0　NDC610　A4変型判　28cm 63p
落丁、乱丁本は送料当社負担にてお取り替えいたします。
本書の無断複製（コピー、スキャン、デジタル化等）は著作権法の例外を除き禁じられています。
私的利用を目的とする場合でも、代行業者等の第三者に依頼してスキャンやデジタル化することは認められておりません。

参考文献・資料

お米なんでも図鑑 お米とごはんのすべてがわかる！もっと知りたい！図鑑
（監修 石谷孝佑 ポプラ社）

ビルマ軍事政権とアウンサンスーチー
（田辺寿夫/根本 敬 著 角川書店）

ビルマ史年表（林田守正 著）

ミャンマーを知るための60章
（田村克己/松田正彦 編著 明石書店）

参考ウェブサイト

アムネスティ日本
http://www.amnesty.or.jp/human-rights/region/asia/myanmar/minority.html

外務省「国・地域　アジア　ミャンマー連邦共和国」
http://www.mofa.go.jp/mofaj/area/myanmar/

気象庁「世界の天候データツール（ClimatView）」
http://www.data.jma.go.jp/gmd/cpd/monitor/climatview/frame.php#nheader

DTACミャンマー観光情報局「国のデータ 歴史」
http://www.dtac.jp/asia/myanmar/history.php

農林水産省「特集1 米(2)［WORLD］生産量と消費量で見る世界の米事情」
http://www.maff.go.jp/j/pr/aff/1501/spe1_02.html

農林水産省品種登録ホームページ
「登録品種データベース」
http://www.hinsyu.maff.go.jp/

農林中金総合研究所「世界の米需給構造とその変化ー日本・アジアの食料安全保障を考えるー 農林金融 2004年12月号」
http://www.nochuri.co.jp/report/norin/1689.html

取材協力

NPO法人国境なきボランティア

東京農工大学 准教授　本林　隆

農研機構
（国立研究開発法人 農業・食品産業技術総合研究機構）

ユーネット インターナショナル
（U-NET international）

（五十音順）

この本に記載されている情報は、2017年1月6日現在のものです。